Hochschulreform durch

Studienbetrieb im Medienverbund

Organisationsmodelle

Von

Horst Nießen

Wissenschaftliche Arbeitsgruppe für Bildungsökonomie

Wuppertal

Springer Fachmedien Wiesbaden GmbH

ISBN 978-3-409-80001-3 ISBN 978-3-663-13300-1 (eBook)
DOI 10.1007/978-3-663-13300-1

Geleitwort

Diese Schrift ist ein Beitrag zur Reform des Hochschulstudiums, in dem sich Denkansätze aus Bildungsforschung und Betriebswirtschaftlicher Forschung verbinden. Die darin dargestellten Vorschläge für einen "Studienbetrieb im Medienverbund" könnten zahlreiche Probleme unzureichender Effektivität lösen helfen, die unsere Hochschulen seit langem belasten und sich mit der zu erwartenden Zunahme der Zahl von Studiumsanwärtern weiter zu verschärfen drohen. Es wird entscheidend darauf ankommen, ob es gelingt, die hier geforderte große didaktische Leistung zu vollbringen. Sie erfordert einen andersartigen Einsatz seitens der Hochschullehrer als bisher und ebenso ein verändertes Lernverhalten der Studenten. Nicht zuletzt würde die vorgeschlagene durchgreifende Reform des Studienbetriebs eine Herausforderung für Können und Engagement der Planer in den Hochschulen bedeuten.

Professor Friedrich Edding

Vorwort

Mit der Planung und Gründung (Errichtung) von Gesamthochschulen hat auch die Organisation im Aufbau und Ablauf eines effizienten Studienbetriebes als Aktionsgefüge einherzugehen.

Damit wird die systematische Ergründung der erforderlichen Reformen im Hochschulbereich angesprochen.

Diese bezieht sich einmal auf die inhaltliche Form der Fachcurricula, zum anderen auf die mediale Organisationsstruktur, d.h. die Organisation der das Studiensystem konstituierenden medialen Aktionseinheiten.

Unter einer Aktionseinheit soll ein Gefüge bezüglich der Zuordnung von Aktionen auf lehr-, lernpersonale und sachliche Aktionsträger (Dozenten, Studierende, apparative Medien) verstanden werden.

Die integrative Strukturierung des Studienbetriebes ist daher mit der Planung und Gründung neuer Hochschulen abzustimmen. Daraus würde ersichtlich werden, daß Organisationsstrukturen zu prägen sind, die den Ansprüchen der Gesellschaft (mit Einschluß der Wirtschaft) nach wissenschaftlicher Aus- und Weiterbildung genügen.

Weiter könnte festgestellt werden, daß die moderne Universität hinsichtlich ihrer Kapazitätserweiterung als ein System integrativ-strukturierter zentraler und dezentraler Studienbereiche auf Medienverbundebene organisiert werden könnte.

Es bedarf keiner Frage, daß über die Organisation eines solchen Universitätssystems auf Medienverbundebene im Wege der interdisziplinären Forschungen Alternativmodelle (Erklärungs- und Entscheidungsmodelle) zu konzipieren sind, die (erst) nach Überprüfung von Rückkoppelungs- und Kontrolltendenzen in die Realisationsphase übergehen können.

Die Modelle zeigen die interdependenten Zusammenhänge des Systems einmal in der mikroskopischen, die jeweiligen Institutionen und deren arbeitsteiligen Verbindungen, zum anderen in der makroskopischen, die Totalinterdependenz des Bildungs- und Hochschulsystems darstellenden Analysen auf.

Sie beziehen sich auf das Massenfach der Wirtschaftswissenschaften, können aber auch auf den gesamten Studienbereich der Geisteswissenschaften und auch teilweise die naturwissenschaftlichen Fachgebiete übertragen werden.

Der Verfasser beschäftigt sich in einer interdisziplinär-bildungsökonomischen Forschung mit der komplexen Problemstellung der Organisation eines Systems "Studienbetrieb im Medienverbund", das Universitätssystem mit zentralen und dezentralen Studienbereichen ist.

Mit der Problemstellung werden im wissenschaftstheoretischen Sinne interdisziplinäre Ansätze in der Bildungsökonomie und Organisation erarbeitet, die einen synthetischen Forschungstyp kennzeichnen und der Bildungsforschung als Systemforschung neue Perspektiven eröffnen.

Horst Nießen

Inhaltsverzeichnis

I. Begriff und Wesen des Studienbetriebes im Medienverbund

Der Begriff "Studienbetrieb" verkörpert die Aufbau- und Ablauforganisation - das Potential- und Aktionsgefüge - als System. Die Begriffe "Studium" und "Fernstudium" werden aus bildungs-mikroökonomischer Sicht mit Bezug auf die Organisation des Studienbetriebes zum einheitlichen Begriff des Studienprozesses zusammengefaßt, der im Rahmen der Organisation durchgeführt wird.

In einem solchen Studienbetrieb werden besonders aufgrund flexibler Organisationsstrukturen die für das Studium erforderlichen Dispositionsmöglichkeiten und damit für den Studierenden Freiheitsgrade bezüglich der Gestaltung seines Studiums berücksichtigt. Andererseits enthält ein solches System Optimierungstendenzen, welche die Organisationsstrukturen regional und überregional betreffen.

Für die Gestaltung des angesprochenen Studienbetriebes sind die integrativen, d.h. wechselseitig-ineinandergreifenden Organisationsstrukturen von Bedeutung, die im System einen regionalen (zentralen) und überregionalen (dezentralen) Studienprozeß ermöglichen.

Unter einem Studienbetrieb im Medienverbund soll ein organisatorisches System auf Medienverbundebene verstanden werden, das - unter Beachtung der jeweiligen Medienorganisation - zentrale und dezentrale Studienprozesse zuläßt.

Der Begriff "Medienverbund" hat eine doppelseitige Bedeutung:

Der Medienverbund kann einmal als eine nach Zweckmäßigkeitsgründen zu betrachtende technische, dispositive, arbeitsteilige Verbindung (Kombination) von Medien, zum anderen als Verbindung im Sinne von Verband institutionalisierter Medienträger gesehen werden. Auf der letzteren baut die erstere Verbindung auf, d.h., durch die Kooperation der Institutionen wird die technische, arbeitsteilige Verbindung der Medien erst möglich.

Mit dieser Problemstellung sind sodann betriebswirtschaftliche und auch rechtliche Probleme verbunden.

Im Zusammenhang der Kooperation sei zu denken an die Zusammenarbeit von Universitäten mit den Fernsehanstalten und den einschlägigen privaten Institutionen.

Andererseits kann ein Verband auch in der Verbindung von Studienbetrieben (Betriebsverband) der wirtschaftswissenschaftlichen Fakultäten bzw. Fachbereiche der einzelnen Universitäten bestehen: Die Studienbetriebe dieser Fakultäten bzw. Fachbereiche beziehen hinsichtlich des Medienverbundes die Verbindung der institutionalisierten Medienträger mit ein: Z. B. können die Studienbetriebe der wirtschaftswissenschaftlichen Fakultäten bzw. Fachbereiche der Universitäten X und Y einen Verband begründen, der aus Gründen des arbeitsteiligen Studienablaufs im Medienverbund gleichzeitig die Verbindung der Universitäten, Fernsehanstalten und der einschlägigen privaten Institutionen einschließt.

Zum Wesen eines Studienbetriebes im Medienverbund gehört die Kommunikation der Lehrinhalte durch personale und technische Medien:

Personale Medien: die persönliche Rede des Dozenten und Studenten (Vorlesung, Übung, Seminar, Referat, Diskussion etc.)
Technische Medien: Fernsehen, AV-Kassette, Tonbildaufnahme- und -wiedergabegeräte, Skripten, Studienbrief, Bücher, Literaturbegleitmaterial etc.

Die Vorlesung kann aus dem Studienbetrieb herausgenommen werden. Die Vermittlung des fachlichen Wissens und die Anregung zum wissenschaftlichen Arbeiten können durch technische Medien vorgenommen werden. Die technischen Medien können im regionalen (zentralen) und überregionalen (dezentralen) Studienbereich des (einheitlichen) Studienbetriebes im Medienverbund eingesetzt werden.

Für das umfangreiche, komplizierte und einen systematischen Aufbau erfordernde wirtschaftswissenschaftliche Studium könnte der Studienbrief als Grundmedium gelten. Ergänzend hierzu könnte die AV-Kassette bezüglich Demonstration und Instruktion eine wesentliche Rolle spielen. Das Fernsehen hingegen wird aus Gründen der überbeanspruchten Sendekapazitäten, rundfunkrechtlicher Bedenken und auch didaktischer Probleme ein komplettes wirtschaftswissenschaftliches Studium nicht ausstrahlen können; es könnte einen informatorischen Dienst im Studienbetrieb im Medienverbund übernehmen und auch einzelne wirtschaftswissenschaftliche Kurse im Medienverbund senden.

Der Studienbetrieb im Medienverbund wird den numerus clausus - auch den bezüglich der Wohnraumbeschaffung an den Universitätsplätzen entstandenen sozialen numerus clausus - beheben helfen können; die Wissensvermittlung und ein Teil des methodischen Arbeitens werden durch technische Medien in den überregionalen Bereich des Studienbetriebes verlegt. Der Studierende braucht nicht mehr am Universitätsplatz zu wohnen, da er zu Hause in Ruhe studieren kann; jeder könnte mit dem Studium beginnen, die hohen Kosten für Wohnraum am Universitätsplatz könnten eingespart werden.

Die folgenden Organisationsmodelle werden eingehender die angesprochenen Zusammenhänge verdeutlichen.

II. Organisationsmodelle eines Studienbetriebes im Medienverbund

Die folgenden Organisationsmodelle eines Studienbetriebes im Medienverbund werden eingeteilt in Modelle im engeren und weiteren Sinne. Zu den Organisationsmodellen "im engeren Sinne" zählen diejenigen Organisationsformen, die sich in und zwischen den Universitäten begründen. Organisationsmodelle "im weiteren Sinne" beziehen auch im System die Fernsehanstalten und den privaten Bildungssektor (Repetitoren, Fernstudienakademien etc.) mit ein.

Folgende Studierende sollen im Studienbetrieb im Medienverbund arbeiten:

(1) Der Studierende A beginnt das Studium gleich nach bestandenem Abitur.

(2) Der Studierende B kommt aus der Berufspraxis und hat die Absicht, bestimmte Gebiete des wirtschaftswissenschaftlichen Studiums - ohne intensiv ein solches bis zum Diplomexamen betreiben zu wollen - kennenzulernen.

(3) Der Studierende C kommt ebenfalls aus der Berufspraxis, hat während seiner Berufszeit das Abitur nachgemacht und beabsichtigt, das wirtschaftswissenschaftliche Studium zu beginnen, um das Diplomexamen abzulegen.

(4) Der Studierende D ist ein ausländischer Kommilitone, hat eine Sprachenschule zum Erlernen der deutschen Sprache besucht, aber mit Bezug auf das komplizierte wirtschaftswissenschaftliche Studium sprachliche Schwierigkeiten, die mehr als verständlich sind.

(5) Der Studierende E ist fertiger Akademiker (Diplom-Kaufmann oder -Volkswirt), arbeitet seit längerer Zeit in der Wirtschaftspraxis und will durch ein Kontaktstudium sein wirtschaftswissenschaftliches Wissen aufbessern oder sogar zum Erwerb des Doktorgrades mit einem Promotionsstudium beginnen.

Modell I: Studienbetrieb im Medienverbund der Universitäten (Fakultäten bzw. Fachbereiche) mit integrativen, regionalen (zentralen) und überregionalen (dezentralen) Organisationsstrukturen; im regionalen (zentralen) Studienbereich werden vorwiegend personale, aber auch technische Medien (Fernsehausstrahlung, AV-Kassetten, Skripten etc.) eingesetzt. Der überregionale (dezentrale) Studienbereich wird nur mittels technischer Medien (hier: vorwiegend Studienbriefe und ergänzend hierzu AV-Kassetten) organisiert.

Die bisher durch die Vorlesung vorgenommene Wissensvermittlung und Anregung zum wissenschaftlichen Arbeiten werden durch technische Medien dem Studierenden im überregionalen Studienbereich bereitgestellt. Der regionale (zentrale) Studienbereich soll sich nur (noch) auf Seminare beschränken. In der Übergangsphase sollen aber - vor allem für die Studienanfänger - Vorlesungen vorerst beibehalten werden.

Studienbrief: Wegen des systematischen Aufbaus des wirtschaftswissenschaftlichen Studiums werden zur Wissensvermittlung und Anregung zum wissenschaftlichen Arbeiten Studienbriefe als Grundmedium überregional eingesetzt. Der Studierende kann den Studienbrief zu Hause allein oder in Gemeinschaft mit Kommilitonen erarbeiten. Zum Studienbrief kann ergänzend die AV-Kassette treten, die für die Instruktion mit Bezug auf das Aufzeigen und Erklären von wirtschaftswissenschaftlichen Diagrammen sehr vorteilhaft ist. Der Text eines Studienbriefes kann durch diese Methode besser behandelt und verstanden werden.

Der Studienbrief hat einen systematischen Aufbau. Dieser Aufbau setzt sich in der Folge der jeweiligen Studienbriefe fort.

Durch den Studienbrief werden relevante Lehrinhalte exakt übermittelt. In dieser Beziehung bietet der Studienbrief mehr als die Vorlesung, da er eine Fülle von Inhalten konzentriert und Anleitungen zum wissenschaftlichen Arbeiten enthält.

Im Studienbrief werden am Ende eines jeden Kapitals Übungsaufgaben gestellt, die programmiert sein, aus Kurzklausuren oder aus beiden Formen bestehen können.

Zur vorzunehmenden Selbstkontrolle durch den Studierenden beinhaltet der Studienbrief auch fertige Lösungen der gestellten Übungsaufgaben, die eine umfassende Erklärung und Anregungen zu weiteren Denkansätzen liefern. Der Studierende kann seine gelösten Aufgaben mit den fertigen Lösungen vergleichen und die noch vorhandenen Lücken feststellen, um diese sodann im Wege der Überarbeitung von betreffenden Lehrinhalten auszufüllen. Auf dieser Ebene wird die Tendenz "durch Forschen lernen" verfolgt: Durch das intensive Erarbeiten der Studienbriefe werden Anregungen geschaffen, die ein selbständiges Erforschen unmittelbarer und mittelbarer Kriterien des Studienstoffes mit Bezug auf die heranzuziehende Fachliteratur nach sich haben. Es werden wirtschaftswissenschaftliche Zusammenhänge deutlicher, der Lernprozeß kann sich eingehender gestalten.

Andererseits können die vom Studierenden gelösten Übungsaufgaben der Fakultät bzw. dem Fachbereich oder dem betreffenden Seminar zur Korrektur eingesandt werden. Eine befriedigende Lösung der Übungsaufgaben verspricht eine erfolgreiche Teilnahme an den Seminaren. Dort werden bestehende Unklarheiten über den Studienstoff besprochen und beseitigt sowie Problemstellungen diskutiert. Eine Wissensvermittlung findet dort nicht mehr statt.

Der Studienbrief und die AV-Kassette werden entsprechend dem jeweiligen Studienstoff durch eine Literaturliste ergänzt, die den Studierenden zum Literaturstudium anleitet. In dieser Beziehung besteht auch die Möglichkeit, den Studienbriefen und Kassetten die je Studienstoff unbedingt zu studierende Fachliteratur als Begleitmaterial in konzentrierter Form beizufügen. Diese konzentriert aufgemachte und beigefügte Fachliteratur besteht aus jeweiligen Kapitelauszügen entsprechend dem dargebotenen Studienstoff. Die Auszüge können in Sonderdruckverfahren der Verlage hergestellt werden.

Der Studierende hat beim Erarbeiten der Studienbriefe etc. die erforderliche Literatur in konzentrierten Kapitelauszügen zur Hand und braucht nicht wochenlang in Bibliotheken darauf zu warten, da die Literaturwerke meistens dort vergriffen sind.

Hervorzuheben ist bezüglich der Studienbriefe, daß sie bei der Vorbereitung auf das Diplomexamen als Grundlage für das Repetitorium dienen können, wobei durch zusätzliche Studienbriefe das Wissen dem gegenwärtigen Stand anzupassen ist und Anleitungen zum Repetieren gegeben werden können.

Studieneinheiten (Kompakteinheiten): betrachtet man das gesamte Studium eingeteilt in Studiengänge, so kann jeder Studiengang als eine Studieneinheit angesehen werden. Das Studium besteht somit aus Studieneinheiten, die, wenn sie zu komplex sein sollten, in Untereinheiten aufgeteilt werden können.

Beispiel: Aus dem Bereich der Betriebswirtschaftslehre kann eine komplexe Studieneinheit (Kompakteinheit) "Rechnungswesen" gebildet werden. Diese Kompakteinheit kann in Untereinheiten (Studieneinheiten) gegliedert werden:

Kompakteinheit "Rechnungswesen":

1. Studieneinheit: Geschäfts- und Betriebsbuchführung
2. Studieneinheit: Bilanzen (Bilanzanalyse, Bilanztheorien)
3. Studieneinheit: Plankostenrechnung
4. Studieneinheit: Betriebsvergleich etc.

Ein systematisch-interdependentes Vorgehen in der Gestaltung des Studieneinheitensystems stellt zwischen den einzelnen Studieneinheiten die unmittelbaren und mittelbaren Zusammenhänge her.

Nach jeder vom Studierenden absolvierten Studieneinheit sollten Prüfungen stattfinden. So kann nach Durchlauf der Kompakteinheit "Rechnungswesen" eine Prüfung abgehalten werden. Das hierdurch zu erwerbende Zeugnis könnte als Teil des angestrebten Diploms betrachtet werden. Die Diplomprüfung sollte bei Vorlage sämtlicher Zeugnisse der Studieneinheiten nur noch aus Fach-Kolloquien bestehen. Durch eine solche Prüfungsmethode wird ein besonderer Vorteil erreicht. Muß der Studierende aus irgendwelchen Gründen vorzeitig das Studium aufgeben, so wird er nicht mit leeren Händen in die Berufspraxis entlassen. Er kann die erworbenen Zeugnisse der absolvierten Studieneinheiten vorweisen, die eine Grundlage für den Existenzaufbau bieten.

Praxisorientierung: Die durch den Studienbetrieb im Medienverbund zu erzielende Konzentration des Studiums ermöglicht die Berücksichtigung der Praxisorientierung. Diese darf nicht zu Lasten der wissenschaftlichen Aus- und Weiterbildung gehen. Schon im wissenschaftlichen Studienprozeß werden neben abstrakten auch daraus ableitend instrumentale Theorien, die anwendungsbezogen sind, gelehrt. Die Texte der Studienbriefe werden folglich beide Arten von Theorien wiedergeben. Die Problemstellung der Theorien (explanatorischen und instrumentalen Theorien) ist Gegenstand einer wissenschaftstheoretischen Studie, die auch in Ansätzen die interdisziplinäre Forschung (Interdisziplinforschung) im Rahmen der Systemforschung umfaßt. Die wissenschaftstheoretische Problemstellung der Theoriensysteme und der interdisziplinären Forschung ist für die Systemgestaltung des Studienbetriebes im Medienverbund von wesentlicher Bedeutung; kann aber hier nicht weiter verfolgt werden. (Nr. 1 bis 3)

Die anwendungsbezogenen Theorien weisen im Trend schon auf die geforderte Praxisorientierung hin. Praxisorientierung im engeren Sinne besagt, daß die Aus- und Weiterbildung unmittelbar an der Praxis zu orientieren ist. Es entsteht aber die Frage, ob eine solche Forderung im wissenschaftlichen Studium erfüllt werden kann und auch soll!

Wird die Verbindung von Theorie und Praxis angestrebt, so ergeben sich für die Aus- und Weiterbildung die folgenden Tendenzen:

(1) Die wirtschaftswissenschaftliche Aus- und Weiterbildung an den Universitäten kann mit Bezug auf die Berufspraxis mittelbar genannt werden. Sie stellt es auf eine flexible Berufsfähigkeit ab.

(2) Die praktische Aus- und Weiterbildung erfolgt unmittelbar im Anschluß an das wirtschaftswissenschaftliche Studium in der Wirtschaftspraxis. Hier gibt es Ausnahmen, wie das Beispiel der Laufbahn des Universitätsdozenten zeigt.

Im Bereich der mittelbaren Aus- und Weiterbildung, die zu einer flexiblen Berufsfähigkeit führt, können mit Bezug auf die Praxisorientierung ableitend-ergänzende Tendenzen zur unmittelbaren Aus- und Weiterbildung in der Wirtschaftspraxis entstehen. Diese Tendenzen können folglich nur als eine Hinwendung zur Wirtschaftspraxis verstanden werden, d.h. ergänzend zum wirtschaftswissenschaftlichen Studium können in den Bereich der mittelbaren Aus- und Weiterbildung praktische Handlungsausrichtungen eingegliedert werden.

Die oben durch den Studienbetrieb im Medienverbund erzielbare und angesprochene Konzentration des Studiums weist einen Weg, der bei wissenschaftlichem Studium die im engeren Sinne zu verstehende Praxisorientierung berücksichtigt. Wenn die Industrie bereit ist, dem Studierenden Einblick in den jeweiligen technischen und wirtschaftlichen Ablauf von Betrieben zu geben, so könnte die Praxisorientierung in das hier vorgestellte System des Studienbetriebes im Medienverbund übernommen werden. Zu Lernzwecken kann der Studierende zeitweise betriebliche Abläufe und Tätigkeiten kennenlernen. So z.B. könnte ein Studierender, der gerade sich theoretisch mit der Bankbetriebslehre auseinandersetzt, zeitweise in einer Bank durch praktische Studien einige Abläufe und Tätigkeiten besser verstehen lernen. Oder derjenige Studierende, der sich im Studium mit dem Außenhandel beschäftigt, kann praktische Studien in der Außenhandelsabteilung der Bank machen.

Ein solches praktisches Studium könnte auch gezielt durch die Universität (Fakultät bzw. Fachbereiche) in Zusammenarbeit mit

Wirtschaftsunternehmungen durchgeführt werden. In einem solchen Fall könnten praktische Arbeitsgruppen gebildet werden, die zu Lernzwecken die angebotene Seminararbeit in einen Betrieb verlegen könnten.

Bei einer solchen Betrachtungsweise kommt die Theorie zur Praxis. Umgekehrt kann auch die Praxis zur Theorie kommen: Praktiker nehmen an den von der Universität veranstalteten Seminaren teil, in denen praktische Fälle aus theoretscher und praktischer Sicht behandelt werden.

Verlage und andere private Institutionen als technisches Durchführungselement des Systems: Die wirtschaftswissenschaftlichen Fakultäten bzw. Fachbereiche planen und organisieren in eigener Regie einen regionalen (zentralen) und überregionalen (dezentralen) Studienbetrieb im Medienverbund. Die Leistungserstellung bezüglich der Lehrinhalte wird von den Fakultäten bzw. Fachbereichen übernommen. Diese arbeiten mit einschlägigen Verlagen etc. zusammen, die aufgrund von ihnen angefertigter Konzepte das Studienmaterial (z.B. Studienbriefe, Programme für AV-Kassetten, Literaturbegleitmaterial etc.) erstellen. Die privaten Institutionen sind nur technisches Durchführungselement.

Praktischer Vorgang

Die Einschreibungen erfolgen an der Universität. Darüber hinaus ist es möglich, schon vor der Einschreibung an der Universität durch die jeweiligen Verlage Studienbriefe und Kassetten zu erhalten.

Der Abiturient, der mit dem wirtschaftswissenschaftlichen Studium beginnen will, könnte sich schon in der Oberstufe des Gymnasiums rechtzeitig über das Studium informieren. Anhand von Informationsmaterial ist der Studierende in der Lage, sich eine Übersicht der Erfordernisse des wirtschaftswissenschaftlichen Studiums zu verschaffen. Es ist sogar möglich, daß sich der Abiturient schon in der Oberstufe auf die wirtschaftswissenschaftlichen propädeutischen Übungen - vor allem in Mathematik - anhand der Studienbriefe eingehend vorbereiten kann. Das gleiche gilt auch für die Berufstätigen, die sich schon vor der Einschreibung durch Studienbriefe auf die propädeutischen Übungen einstellen können.

Für den ausländischen Studierenden können die Texte der Studienbriefe zumindest in Englisch und Französisch übersetzt werden, wodurch das Studium erleichtert wird.

Der schon fertige Akademiker kann sich konzentriert die neuen wissenschaftlichen Erkenntnisse aneignen und falls er promovieren will, mittels Studienbrief auf das Rigorosum vorbereiten.

Die an der Universität abgehaltenen Seminare werden zeitlich-turnusmäßig organisiert: Eine Gruppe von Studierenden arbeitet überregional (dezentral) anhand von Studienbriefen und AV-Kassetten, eine andere in den Seminaren an der Universität. Nach Beendigung einer Periode tritt der Umkehrschluß ein, der den stufenweisen Fortgang sichtbar macht. Diejenige Gruppe, die in den Seminaren gearbeitet hat, kann sich in der nächsten Periode überregional (dezentral) der weiteren Wissensvermittlung und dem methodischen Arbeiten widmen, während diejenige Gruppe, die bisher überregional (dezentral) tätig war, vorbereitet die Seminare besucht. Ein solcher Prozeß setzt sich dann stufenweise fort.

Durch den Studienbetrieb im Medienverbund können die Semesterferien - ohne die Forschung zu belasten - genutzt werden; anhand von Studienbriefen können die Studierenden in den Semesterferien arbeiten. Zum anderen könnten auch Seminare veranstaltet werden, die von Tutoren und privaten Repetitoren geleitet werden können.

Modell II: Studienbetrieb im Medienverbund der Universitäten (Fakultäten bzw. Fachbereiche) mit integrativen regionalen (zentralen) und überregionalen (dezentralen) Organisationsstrukturen; im regionalen (zentralen) und überregionalen (dezentralen) Studienbereich werden personale und technische Medien eingesetzt, bei den technischen Medien kommen vorwiegend Studienbriefe, ergänzend hierzu AV-Kassetten, Literaturbegleitmaterial etc.) zum Einsatz.

Auch in diesem Modell wird die Direktveranstaltung an der Universität - die personal-mediale Organisationsstruktur - auf Seminare beschränkt. Die traditionelle Vorlesung wird aus dem Studienbetrieb herausgenommen. Die Wissensvermittlung und Anleitung zum wissenschaftlichen Arbeiten erfolgen durch technische Medien. Bei diesen soll ebenfalls wie im Modell I der Studienbrief als Grundmedium betrachtet werden. AV-Kassetten, Fernsehen und Literaturbegleitmaterial werden ergänzend eingesetzt.

Personale Medien, d.h. persönliche Vorträge des Dozenten und Studierenden im Rahmen der Seminararbeit werden im Unterschied zu Modell I in diesem Modell nicht nur regional (zentral), sondern auch überregional (dezentral) organisiert. Es entstehen daraus zentrale und dezentrale Studienprozesse, die auf Medienverbundebene betrieben werden. Es ist zu beachten, daß beide Studienbereiche des zentralen und dezentralen Studienbetriebes auf integrativen, d.h. wechselseitig-ineinandergreifenden Organisationsstrukturen beruhen. Die Dispositionsfähigkeit des Studierenden bezüglich der Durchführung seines Studiums erweitert sich dadurch, da der Studierende zentral und dezentral studieren kann.

Durch die Organisation dezentraler Studienprozesse im Medienverbund, die einmal die durch technische Medien vorzunehmende Wissensvermittlung und Anleitung zum wissenschaftlichen Arbeiten zum anderen die Seminararbeit umfaßt, kann der Studierende in der Region seines Heimatortes arbeiten, ohne die (zentrale) Universität aufsuchen zu müssen. Die betreffende Universität unterhält in den jeweiligen Großstädten, die keine Universitätsplätze sind, Außenabteilungen, an denen die zu organisierenden Seminare abgehalten werden. Die Seminare werden von den Studierenden vorbereitet und in kleinen Gruppen besucht.

Die Außenabteilungen der Universitäten können einmal nicht-ständige, zum anderen ständige Einrichtungen sein. Die nicht-ständigen Einrichtungen werden - unter Berücksichtigung der optimalen Ausnutzung der bestehenden räumlichen Kapazitäten - turnusmäßig dergestalt organisiert, daß einerseits Bibliotheken in ihrer Umstrukturierung auf Medienverbundebene zu Mediotheken Räumlichkeiten für den Zweck der Seminarveranstaltungen zur Verfügung stellen. Andererseits würde es auch möglich sein, nicht voll genutzte Räumlichkeiten in Schulen - nachmittags und abends -, in Akademien etc. heranzuziehen.

Die ständigen Einrichtungen sind bestehende Außenabteilungen der Universitäten:

Die Universität X unterhält im Lande NRW an Nicht-Universitätsplätzen Seminar-Außenabteilungen im Studienbetrieb im Medienverbund. Die in der Umgebung dieser Plätze wohnenden Studierenden suchen ohne Zeitverlust diese Seminare vorbereitet auf.
Die Universität Y im Lande NRW kann nun auch auf Medienverbundebene arbeiten und Außenabteilungen unterhalten. Eine intensive Arbeitsteilung der Universitäten (Fakultäten bzw. Fachbereiche) wird in diesem Zusammenhang dann erzielt, wenn im Studienbetrieb dieser Universitäten eine Kooperation besteht:

Die Universitäten X und Y begründen eine Kooperation im System "Studienbetrieb im Medienverbund". Das bedeutet für die zu begründenden Außenabteilungen der beiden Universitäten, daß diese in den jeweiligen Großstädten gemeinschaftlich organisiert werden:

Die Universitäten X und Y arbeiten im Studienbetrieb auf Medienverbundebene zusammen und organisieren in der Stadt W eine gemeinsame Außenabteilung für die Seminarveranstaltungen. Studierende dieser Universitäten, die in der Stadt W und deren Umgebung wohnen, besuchen diese Seminare.

Ein Vorteil der Einrichtung von Außenabteilungen der Universitäten kann im folgenden gesehen werden: Die beiden Universitäten können einen jeweils schwerpunktartig-wechselseitigen Lehrbetrieb im Medienverbund organisieren: die Universität X könnte den Schwerpunkt Betriebswirtschaftslehre - ohne die Forschung in den anderen Disziplinen aufzugeben -, die Universität Y den Schwerpunkt Volkswirtschaftslehre und Finanzwissenschaft im Studienbetrieb übernehmen. Nach entsprechender zeitlicher Disposition kann der Umkehrschluß eintreten: die Universität X übernimmt die Volkswirtschaftslehre und Finanzwissenschaft, die Universität Y die Betriebswirtschaftslehre.

Eine solche Arbeitsteilung könnte auch für die Forschung einen Vorteil bringen: einmal kann, wenn die Universität X schwerpunktartig Betriebswirtschaftslehre vertritt, die Forschung auf den Gebieten der Volkswirtschaft und Finanzwissenschaft stärker verfolgt werden. Für die Universität Y, die im Studienbetrieb Volkswirtschaft und Finanzwissenschaft übernommen hat, kann die betriebswirtschaftliche Forschung einen größeren Rahmen erhalten. Der Prozeß setzt sich im substitutionalen Trend fort.

Am System "Studienbetrieb im Medienverbund" können sich weitere Institutionen (Universitäten) beteiligen; die Arbeitsteilung wird dadurch intensiver und effizienter.

Auch in diesem Modell arbeiten die Universitäten mit einschlägigen Verlagen zusammen, die als technisches Durchführungselement zu betrachten sind und im Auftrage der Universität tätig werden.

Die Organisation dezentraler Studienprozesse des Studienbetriebes im Medienverbund setzt an der Universität räumliche Kapazitäten frei. Diese können (nun) den Naturwissenschaften, die konkrete Studienplätze benötigen, zur Verfügung gestellt werden.

Praktischer Vorgang:

Die vorzunehmenden Einschreibungen zum Studium können entweder an den Universitäten oder deren Außenabteilungen erfolgen. Die Examina finden an den Zentralplätzen der Universitäten statt, können aber auch an den jeweiligen Außenabteilungen abgehalten werden.

Die Seminare werden- wie in Modell I - turnusmäßig veranstaltet. Die spezielle Erwachsenenbildung mit Bezug auf bestimmte Gebiete des wirtschaftswissenschaftlichen Studiums wird in das System des Studienbetriebes im Medienverbund einbezogen und intensiviert.

(1) Der Abiturient erkundigt sich schon in der Oberstufe des Gymnasiums bei der Universität oder deren Außenabteilungen, bei welchen Verlagen der über das Studium informierende Studienbrief erhältlich ist. Er besorgt sich diesen einführenden Studienbrief beim einschlägigen Verlagswesen. In dieser Informationsschrift findet der Abiturient sämtliche organisatorischen Regelungen, die das Studium im Studienbetrieb im Medienverbund betreffen.

Die Informationsschrift gibt auch Auskunft darüber, wie der Abiturient sich schon in der Oberstufe auf die wirtschaftswissenschaftlichen Propädeutika - vor allem auf Mathematik - vorbereiten kann. Der Abiturient ist somit in der Lage, sich eingehend und auch frühzeitig über den Ablauf des wirtschaftswissenschaftlichen Studiums und dessen Erfordernisse zu informieren.

Aus den im Studienbetrieb im Medienverbund erhältlichen Studienbriefen geht deren Bearbeitungsdauer und die zeitliche Organisation der dezentralen Seminare hervor.

Wie im Modell I erarbeitet der Studierende die Studienbriefe entweder allein zu Hause oder in Gemeinschaft mit Kommilitonen. In den dezentralen Seminaren werden Tonbildaufnahme- und -wiedergabegeräte verwendet, die eine Wiederholung der Seminare ohne Beteiligung eines Dozenten ermöglichen.

Sind sämtliche Studieneinheiten absolviert, so kann anhand von Studienbriefen mit Bezug auf die Vorbereitung zum Diplomexamen das Repetitorium vorgenommen werden, welches durch dezentrale Seminare unterstützt wird.

Die Praxisorientierung wird dergestalt berücksichtigt, daß anwendungsbezogene (instrumentale) neben abstrakt-theoretischen Texten im Studienbrief angeboten werden. Entsprechend der durch den Studienbetrieb im Medienverbund erreichbaren Konzentration des Studiums können Lernprozesse zeitweise auch in den örtlichen Betrieben organisiert werden. Der Studierende kann dort entweder allein oder in Gruppen mit Kommilitonen unter Leitung eines Dozenten betriebliche Abläufe kennenlernen. Andererseits können Praktiker dieser Betriebe an Seminaren der Universität teilnehmen.

(2) Der Berufstätige, der kein Diplomexamen zu erwerben beabsichtigt, sich aber für bestimmte wirtschaftswissenschaftliche Gebiete interessiert, kann vom einschlägigen Verlagswesen die entsprechenden Studienbriefe erhalten.

(3) Der Berufstätige, der ein wirtschaftswissenschaftliches Studium bis zum Diplom durchlaufen will, kann sich frühzeitig über die Bedingungen des Studiums anhand von Unterlagen informieren. Auch kann er sich schon frühzeitig während der Berufszeit auf die propädeutischen Übungen durch Studienbriefe vorbereiten.

(4) Der ausländische Studierende erhält durch den Studienbrief zumindest in Englisch und Französisch übersetzte Texte angeboten.

(5) Der in der Berufspraxis arbeitende fertige Akademiker hat durch den Studienbetrieb im Medienverbund den Vorteil, nicht nur anhand von Studienbriefen zu arbeiten, sondern auch die dezentral veranstalteten Seminare in der Nähe seines Wohnortes besuchen zu können.

Organisationsmodelle im weiteren Sinne

Modell III: Studienbetrieb im Medienverbund der privaten Institutionen in Zusammenarbeit mit den Universitäten. Der Studienbetrieb beruht auf integrativen, regionalen (zentralen) und überregionalen (dezentralen) Organisationsstrukturen: der regionale (zentrale) Studienbereich des Studienbetriebes wird durch die Universitäten in der bisherigen Organisationsform durchgeführt. Der überregionale (dezentrale) Studienbereich wird in wissenschaftlicher Zusammenarbeit mit den Universitäten von den privaten Institutionen in eigener Regie auf Medienverbundebene betrieben.

Die Universitäten behalten in diesem Modell ihre traditionelle Organisationsform bei, d.h. in ihrem zentralen Studienbereich finden Vorlesungen, Übungen und Seminare statt. Aus Gründen der Kapazitätsüberlastung der Universitäten - z.B. um einen numerus clausus zu vermeiden - arbeiten die Universitäten (Fakultäten bzw. Fachbereiche) mit privaten Institutionen zusammen. Die privaten Institutionen sind Repetitoren, Fernstudienakademien etc., die mit

Bezug auf die Erstellung und didaktische Aufbereitung von Studienbriefen und Programmen für AV-Kassetten sowie das Abhalten von Seminaren Erfahrung haben.

Der überregionale (dezentrale) Studienbereich eines solchen studienbetrieblichen Systems wird von den privaten Institutionen in eigener Regie geplant und organisiert. Die privaten Institutionen können aufgrund von durch Hochschullehrer angefertigten Konzepten, aus einer ständigen Kontaktnahme mit der Universität oder Hochschullehrern die entsprechenden Studienbriefe und Programme erstellen.

Die privaten Institutionen sind selbständig. Zwischen den Universitäten und ihnen bestehen Abreden.

Der Studierende ist an der Universität eingeschrieben. Mit der privaten Institution steht er in keinem Vertragsverhältnis.

Beabsichtigt der Studierende am dezentralen Studienprozeß der privaten Institution teilzunehmen, so geschieht das im Wege der vertraglichen Tendenzen, die zwischen den Universitäten und privaten Institutionen begründet worden sind. Bei der Einschreibung zum Studium und der Belegung von Studieneinheiten hat der Studierende zu erklären, daß er neben einem zentralen an der Universität stattfindenden auch einen dezentralen von einer privaten Institution betriebenen Studienprozeß zu durchlaufen beabsichtigt.

Die Verteilung des Studienmaterials (Studienbriefe, AV-Kassetten, Literaturbegleitmaterial etc.) wird im Auftrage der Universität durch das private Institut vorgenommen.

Besteht an der betreffenden Universität in der Fachrichtung eine Zulassungsbeschränkung, so kann der Studierende trotzdem seine Einschreibung zum Studium mit Bezug auf den dezentralen durch das private Institut durchzuführenden Studienprozeß vornehmen.

Es ist hervorzuheben, daß eine solche Organisationsform ein einheitliches Studiengefüge, d.h. ein System mit integrativen Organisationsstrukturen darstellt, zum anderen eine Kapazitätserweiterung für den Studienprozeß aufzeigt.

Der dezentrale Studienbetrieb des Systems erfolgt im Rahmen personal- und technisch-medialer Organisationsstrukturen, d.h. die privaten Institutionen, die einen solchen dezentralen Studienprozeß durchführen, unterhalten nicht nur eine durch technische Medien erfolgende Kommunikation von Lehrinhalten, sondern auch Außenabteilungen in den jeweiligen Großstädten, an denen Seminare abgehalten werden, d.h. personale Medien zum Einsatz kommen. Der Studierende arbeitet entweder z.B. anhand von Studienbriefen und Literaturbegleitmaterial allein zu Hause oder in Gemeinschaft mit Kommilitonen und besucht vorbereitet die zeitlich zu organisierenden Seminare an den Außenabteilungen.

Beim dezentralen Studienprozeß dieses Modells werden vom Studierenden gelöste Übungsaufgaben an das private Institut zur Korrektur gesandt, welches die Unterlagen mit Erklärungen und Hinweisen zurücksendet. In den Seminaren werden weitere Übungsaufgaben angefertigt und Klausuren besprochen.

Das private Institut hat die Vorbereitung auf die (jetzt) an der Universität in den betreffenden Seminaren anzufertigenden Klausuren zum Erwerb der Leistungsscheine oder der Zeugnisse mit Bezug auf den Abschluß der jeweiligen Studieneinheiten zu leisten.

Die an der Universität abgehaltenen Seminare haben in diesem Modell einmal den Charakter direkter Seminarveranstaltungen, in denen die übliche und bekannte Seminararbeit betrieben wird, zum anderen von Prüfungsinstanzen, die nach Durchlauf einer Studieneinheit die entsprechenden Seminarprüfungen abnehmen. Die Einrichtung der Prüfungsinstanzen erfolgt gemäß zeitlicher Organisation turnusmäßig. Die im dezentralen Studienbereich der privaten Institutionen im Medienverbund arbeitenden Studierenden können dort - nach vorheriger Anmeldung - zu den entsprechenden Prüfungen zugelassen werden. Die Anmeldung kann auch durch das private Institut gruppenweise erfolgen.

Die Seminarprüfungen schließen nicht aus, daß der im dezentralen Studienbereich der privaten Institution arbeitende Studierende auch die üblichen Seminarveranstaltungen an der Universität besuchen kann. In einem solchen Falle kann der Studierende an den am Ende eines solchen Seminars zu schreibenden Klausuren zum Erwerb der Seminarscheine teilnehmen.

Praktischer Vorgang:

Die Einschreibung zum Studium erfolgt (nur) an der Universität. Bei der Einschreibung zum Studium kann die Belegung für den zentralen und dezentralen Studienbereich eines solchen Systems vorgenommen werden.

Besteht eine Zulassungsbeschränkung an der Universität, so kann die Einschreibung für die Belegung des dezentralen Studienbereiches, der von den privaten Institutionen organisiert wird, erfolgen. Der Studierende erhält von seiten der privaten Institutionen im Auftrage der Universität die Studienbriefe und weiteres Studienmaterial zugesandt.

Da in diesem Modell die Studiengänge ebenfalls - wie in anderen Modellen - in Studieneinheiten eingeteilt werden, kann der Studierende nach Durchlauf einer jeden Studieneinheit durch Seminarprüfungen an der Universität das Zeugnis als Abschluß der jeweiligen Studieneinheiten erwerben.

Die Praxisorientierung wird neben abstrakt-theoretischen Studienbriefen und Programmen im Studienbetrieb durch anwendungsbezogene Lehrinhalte berücksichtigt. Ebenso ist eine praktische Tätigkeit zu Lernzwecken in den örtlichen Betrieben möglich. An den von privaten Institutionen dezentral zu organisierenden Seminaren können auch Praktiker dieser Betriebe teilnehmen.

Der Abiturient (Studierender A), der das wirtschaftswissenschaftliche Studium bis zum Diplomexamen durchzuführen beabsichtigende Studierende aus der Berufspraxis (Studierender C) und der in der Berufspraxis stehende fertige Akademiker (Studierender E) sind bei diesem Modell in der Lage, sich frühzeitig durch Informationsschriften eingehend über die Bedingungen des Studiums zu unterrichten.

Der Abiturient (Studierender A) und der Studierende aus der Berufspraxis (Studierender C) können sich schon vor der Einschreibung zum Studium durch Studienbriefe auf die wirtschaftswissenschaftlichen Propädeutika einstellen.

In einem solchen Fall muß jedoch aus Gründen der noch nicht an der Universität erfolgten Einschreibung beachtet werden, daß diese Kandidaten in ein vertragliches Verhältnis zum betreffenden privaten Institut treten.

Das gleiche ist auch der Fall, wenn ein Praktiker (Studierender B), der bestimmte Fachgebiete des wirtschaftswissenschaftlichen Studiums kennenlernen will, Studienbriefe, AV-Kassetten, Literaturbegleitmaterial etc. von privaten Institutionen bezieht.

Die Studienbriefe für den ausländischen Studierenden (Studierender D) können in eine ihm besser verständliche Sprache als die deutsche, z.B. Englisch und Französisch übersetzt werden. Auch er ist in der Lage, sich frühzeitig vor der Einschreibung zum Studium durch Studienbriefe auf die wirtschaftswissenschaftlichen propädeutischen Übungen vorzubereiten.

Modell IV: Studienbetrieb im Medienverbund als indirektes Point of Credit Mischsystem: An diesem sind Universitäten und private Institutionen beteiligt, die in keinem vertraglichen Verhältnis zueinander stehen. Es bestehen keine gestalteten integrativen Organisationsstrukturen, die einen einheitlichen, gefügemäßigen Studienbetrieb kennzeichnen. Die Universitäten arbeiten in der bisherigen Organisationsform, die privaten Institutionen hingegen im Medienverbund dezentral unter Einsatz personaler und technischer Medien. Die privaten Institutionen leisten aus Gründen der Kapazitätsüberlastung der Universitäten diesen gegenüber einen "Leistungskredit" im "indirekten Gutpunkteverfahren".

Das indirekte Point of Credit Mischsystem drückt folgendes aus:

der Begriff "indirekt" bezieht sich auf

(a) das System

(b) "Point of Credit".

Das indirekte Mischsystem kennzeichnet ein nicht auf wechselseitig-ineinandergreifenden (integrativen) Organisationsstrukturen zwischen Universitäten und privaten Institutionen beruhendes System. Es fehlen diesem "indirekten System" die gewollt zu gestaltenden integrativen Organisationsstrukturen von Universitäten und privaten Institutionen, die zweckrational begründet werden.

"Indirekt" beim "Point of Credit" ist wie folgt zu verstehen: indirekt bezieht sich auf die durch die Leistung im überregionalen Studienbetrieb im Medienverbund der privaten Institutionen zu erwerbenden Points, d. h. Gutpunkte, die aber nur intern als Befähigungsnachweise gelten, gegenüber der Universität nicht zur Zulassung einer Prüfung (Diplomprüfung) berechtigen. Die privaten Institutionen bereiten die Studierenden auf die an der Universität stattfindenden Seminarprüfungen vor.

Unter dem Begriff "Credit" soll der "Leistungskredit" der privaten Institutionen verstanden werden, der gegenüber der kapazitätsüberlasteten Universität gegeben wird, da diese einen Teil der Studierenden nicht mehr ausbilden kann.

Besteht an der Universität eine Zulassungsbeschränkung, so können die Studierenden am Markt die Leistungen der privaten Institutionen nachfragen. Die privaten Institutionen kennen die Anforderungen der Universitäten in der Fachrichtung Wirtschaftswissenschaft.

Die zur Zulassung zum Diplomexamen an der Universität erforderlichen Leistungsscheine werden "extern" erworben. Zu bestimmten Zeiten können von einer universitären Kommission des Fachbereiches Wirtschaftswissenschaft Seminarprüfungen abgenommen werden. Die private Institution könnte darüber hinaus mit der betreffenden Universität Abreden treffen.

Durch ein solches Verfahren wird der Studierende (nur) für eine Ausschlußfrist zur externen Seminarprüfung an der Universität eingeschrieben. Die in den Seminaren erworbenen Leistungsscheine berechtigen sodann zur Meldung zum Diplomexamen.

Im Gegensatz zu Modell III wird das Studium außeruniversitär an den privaten Institutionen (Repetitoren, Fernstudienakademien etc.) betrieben. Nur zu den externen Seminarprüfungen (dazu sind auch die propädeutischen Übungen zu zählen) und der Abnahme des Diplomexamens tritt der Studierende mit der Universität unmittelbar in Verbindung.

Die privaten Institutionen werden in diesem Modell zu sog. privaten, universitären Einrichtungen.

Durch die Einschaltung des privaten Institutes wird ein Ausgleichventil geschaffen; die Kapazitätsüberlastung der Universitäten wird abgebaut und ein normaler Lehrbetrieb kann entstehen. Die Universitäten könnten bei normalem Lehrbetrieb darüber hinaus zu Prüfungs- und Forschungsuniversitäten werden.

Praktischer Vorgang:

Bei einer Zulassungsbeschränkung an der Universität kann der Studierende die Leistung des privaten Institutes in Anspruch nehmen. Er geht mit dem privaten Institut ein privatrechtliches Vertragsverhältnis ein.

Die private Institution unterhält im dezentralen Studienbereich ihres Studienbetriebes eine durch technische Medien (vorwiegend Studienbriefe und Literaturbegleitmaterial) vorzunehmende Wissensvermittlung und Anleitung zum wissenschaftlichen Arbeiten und turnusmäßig zu organisierende Seminare. Der Studierende studiert an seinem Wohnort und besucht vorbereitet die dezentralen Seminare.

Modell V: Studienbetrieb im Medienverbund als direktes Point of Credit Mischsystem: das Mischsystem - gekennzeichnet durch die Zusammenarbeit von Universitäten, Fernsehanstalten und privaten Institutionen begründet sich auf integrativen Organisationsstrukturen und Abreden über die Durchführung des Studienprozesses und die Anerkennung von Leistungsscheinen und Zeugnissen absolvierter Studieneinheiten.

Die Selbständigkeit der das System begründenden Institutionen bleibt erhalten, die Aufgaben im Studienbetrieb werden im System koordiniert. Die Institutionen gründen zum Zwecke der Koordinierung von Aufgaben (Teilaufgaben) eine Systeminstitution, die als Koordinierungs-, Aufsichts- und Kontrollorgan zu betrachten ist.

Die Kooperation von öffentlich-rechtlichen und privaten Institutionen kennzeichnet das Mischsystem: In vertikaler Kooperation erfolgt die Zusammenarbeit von Universitäten, Fernsehanstalten und privaten Institutionen.

Ein Studienbetrieb im Medienverbund in der Organisationsform eines direkten Point of Credit Systems in "reiner" Form ist dann im Gegensatz zum Mischsystem gegeben, wenn in horizontaler Kooperation die Zusammenarbeit (nur) der Universitäten untereinander besteht.

Das "reine" vom "Misch"-System unterscheidet sich folglich durch die horizontale und vertikale Kooperation der betreffenden Institutionen des Systems.

Der Begriff "direkt" bezieht sich auf:

(a) das System

(b) "Point of Credit".

Das direkte Mischsystem begründet sich auf integrativen Organisationsstrukturen zwischen Universitäten und privaten Institutionen, d.h. das direkte Mischsystem ist ein Gefüge, welches nach wechselseitig-ineinandergreifenden Beziehungsstrukturen von Universitäten und privaten Institutionen zweckrational (gewollt) gestaltet ist.

"Direkt" mit Bezug auf "Point of Credit" ist dahingehend zu verstehen, daß die das System begründenden Institutionen die bei ihnen zu erwerbenden Leistungsscheine gegenseitig anerkennen, z.B. die bei einem privaten Institut erworbenen Leistungsscheine werden von der Universität zur Meldung zum Diplomexamen anerkannt. Voraussetzung einer solchen Anerkennung von Leistungsscheinen ist die (einheitliche) Planung des anzubietenden, relevanten Studienstoffes und einheitlicher Klausur- und Seminarbedingungen.

Entsprechend der gesetzten Ziele des Systems können Dispositionen auf den gestalteten, integrativen (ineinandergreifenden) Organisationsstrukturen bezüglich der Zweckmäßigkeit des Medieneinsatzes und der -organisation vorgenommen werden. Soll die Zulassungsbeschränkung an den Universitäten unter gleichzeitiger Entlastung der Universitäten zugunsten der Forschung behoben werden, so kann eine Optimierung der Organisationsstrukturen auf Medienverbundebene und der entsprechende Medieneinsatz disponiert werden; die Universitäten können ihren Studienbetrieb zentral und dezentral organisieren. Hinzu treten die privaten Institutionen, die im Medienverbund ebenfalls dezentral arbeiten.

Praktischer Vorgang:

1. Organisationsform:

Die Universitäten arbeiten im Medienverbund und unterhalten in ihrem Studienbetrieb einen zentralen und dezentralen Studienbereich. Der dezentrale Studienbereich umfaßt die Wissensvermittlung und Anleitung zum wissenschaftlichen Arbeiten mittels technischer Medien und Seminare, die an zu organisierenden Außenabteilungen der Universitäten abgehalten werden.

Gleichzeitig arbeiten im studienbetrieblichen System auf Medienverbundebene auch private Institutionen, die einen dezentralen Studienbereich organisiert haben. Auch in diesem dezentralen Studienbereich werden die Wissensvermittlung und Anleitung zum wissenschaftlichen Arbeiten durch technische Medien durchgeführt und Seminare an den von diesen Institutionen eingerichteten Außenabteilungen veranstaltet.

Die Institutionen (Universitäten, Fernsehanstalten und privaten Institutionen) begründen das System "Studienbetrieb im Medienverbund" auf der Basis integrativer Organisationsstrukturen und der Abrede, die Aufgaben (Teilaufgaben) zu koordinieren, Leistungsscheine der Universitäten von diesen gegenseitig und der privaten Institutionen von seiten der Universität anzuerkennen.

Der Studierende kann sich an den Universitäten, deren Außenabteilungen, den privaten Institutionen, deren Außenabteilungen und der Systeminstitution zum Studium im System "Studienbetrieb im Medienverbund" einschreiben lassen.

Entsprechend seinem Wohnsitz kann der Studierende sein Studium an denjenigen Institutionen des Systems - gleich ob diese Institutionen Universitäten oder private Institutionen sind - belegen, die in der Region seines Wohnortes Seminare an Außenabteilungen durchführen. Private Institutionen organisieren dort ihre Seminare, wo universitäre Einrichtungen nicht vorhanden sind. Zum anderen könnte es auch möglich sein, dezentrale, universitäre Einrichtungen von privaten Institutionen zu nutzen, um die Universitäten im dezentralen Studienprozeß zu entlasten. So könnten z.B. private Repetitoren die dezentral-universitären Seminare abhalten.

Die Universitäten X und Y unterhalten in der Stadt W eine gemeinsam organisierte Außenabteilung. Die dort abzuhaltenden Seminare können von privaten Repetitoren anhand exakter Seminarunterlagen (von Studienbriefen, AV-Kassetten, Literaturbegleitmaterial) durchgeführt werden.

In einer anderen Stadt Z organisiert eine private Institution eine dezentrale Außenabteilung, um Seminare dort dezentral zu veranstalten. Die in der Region der Stadt W wohnenden Studierenden nehmen an den dort von den Universitäten X und Y, in der Region der Stadt Z wohnenden Studierenden an den dort von der privaten Institution organisierten Seminaren teil.

Den Studierenden steht es frei - auf der Basis der integrativen Organisationsstrukturen des Systems - auch den zentralen Studienbereich der Universität zu besuchen.

Der Studienstoff, der mittels technischer Medien dem Studierenden bereitgestellt und in den Seminaren eingehend besprochen wird, kann in einem solchen System einheitlich gestaltet werden (Ansatz zur inhaltlichen Standardisierung von Lehrinhalten). Das braucht aber nicht der Fall zu sein. Die Lehrinhalte sollten unter Berücksichtigung ihrer relevanten Gehalte (aber) alles das umfassen, was für eine flexible Berufsfähigkeit erforderlich ist.

Zum anderen können Unterschiede in der Kommunikation von Lehrinhalten auch im methodischen Vorgehen gesehen werden. Die Lehrinhalte der Universitäten X und Y können Differenzierungen unterliegen, die hinsichtlich ihrer (relevanten) Gehalte zu betrachten sind. Die Lehrinhalte der beiden Universitäten können durch eine im System zu betreibende Fach-Curriculumforschung angeglichen werden, so daß im Studienbetrieb im Medienverbund ein (annähernd) einheitlicher Trend erreicht werden könnte.

Andererseits kann das methodische Vorgehen in der Wissensvermittlung Unterschiede aufzeigen, die (aber) nicht im lehrinhaltlichen Angebot zu bestehen brauchen.

Die privaten Institutionen werden sich mit Bezug auf den Studienstoff den Universitäten angleichen. Die Koordinierung der Aufgaben (Teilaufgaben) durch die Systeminstitution bewirkt diese Richtung. Das private Institut G kann im Studienbetrieb eng mit der Universität X, das private Institut H mit der Universität Y zusammenarbeiten.

Die Anerkennung der Leistungsscheine bzw. Zeugnisse absolvierter Studieneinheiten der dem System angehörenden Institutionen von seiten der einzelnen Universitäten dieses Systems berechtigt unter Vorlage derselben zur Meldung zum Diplomexamen an einer der Universitäten, auch wenn die Leistungsscheine bzw. die Zeugnisse dort nicht oder an einem privaten Institut erworben wurden. Der Studierende hat seine Leistungsscheine bzw. Zeugnisse absolvierter Studieneinheiten durch Seminarprüfungen im zentralen oder dezentralen Studienbereich der Universitäten X und/oder Y oder eines privaten Institutes G oder H erworben. Er kann unter Vorlage dieser Leistungsscheine bzw. Zeugnisse sich entweder an der Universität X oder Universität Y zum Diplomexamen melden.

Die private Institution hingegen kann keine Diplomexamina abnehmen. Sie gibt im Wege des direkten Gutpunkteverfahrens einen "Leistungskredit", da eine Kapazitätsüberlastung der Universitäten besteht.

Es ist aber möglich, in den Außenabteilungen der privaten Institutionen durch universitäre Prüfungskommissionen Diplomexamen abzunehmen. In diesem Falle handelt es sich zwar um ein institutionell-externes, aber um ein system-internes Diplomexamen.

Aus dieser skizzierten Organisationsform wird ersichtlich, daß eine Zulassungsbeschränkung an den Hochschulen abgebaut werden kann. Jeder Studierende kann im System "Studienbetrieb im Medienverbund" unter rationalen Bedingungen studieren.

2. Organisationsform:

Neben dem Abbau der Zulassungsbeschränkung an den Hochschulen soll (jetzt) diese Organisationsform zeigen, die Universitäten im Studienbetrieb (Lehrbetrieb) zugunsten der Forschung zu entlasten.

Schon im Modell II wurde die institutionelle Arbeitsteilung der Universitäten angesprochen, die einen turnusmäßig-substitutionalen Studien- und Forschungsbetrieb vorsieht; das Modell II wird jetzt auf das Point of Credit System projiziert. Durch die Aufnahme privater Institutionen in das System und die Anerkennung der Leistungsscheine bzw. Zeugnisse der Universitäten untereinander und der privaten Institutionen von seiten der Universitäten kann folgende Entlastung der Universitäten hinsichtlich ihres Studienbetriebes eintreten. Die enge Zusammenarbeit von Universitäten und privaten Institutionen im System führt dazu, daß die privaten Institutionen mittels technischer Medien (Studienbriefen, AV-Kassetten, Literaturbegleitmaterial etc.) die Wissensvermittlung und Anleitung zum wissenschaftlichen Arbeiten übernehmen können. In Kooperation mit den Universitäten können die privaten Institutionen (teilweise) die Erstellung und didaktische Aufbereitung der Lehrinhalte und deren Kommunikation durch technische Medien vornehmen. Es besteht durch die enge Zusammenarbeit der genannten Institutionen eine auszuübende Kontrollfunktion der Universitäten in der Systeminstitution, die Koordinierungs- und Kontrollorgan ist.

Die Universitäten werden - bis auf einen Teil zentraler Seminare und Übungen - von der Wissensvermittlung und Anleitung zum wissenschaftlichen Arbeiten entlastet.

Unterhalten die Universitäten in den jeweiligen Großstädten Außenabteilungen für die dezentrale Seminararbeit, und werden diese Seminare teilweise - anhand exakter Unterlagen - von Tutoren und privaten Repetitoren abgehalten, so gestaltet sich die Arbeitsteilung im System "Studienbetrieb im Medienverbund" zwischen den beteiligten Institutionen (Insystemen) intensiver.

Die Universitäten X und Y nehmen die Wissensvermittlung und Anleitung zum wissenschaftlichen Arbeiten mittels technischer Medien nicht mehr selber vor, sondern private Institutionen übernehmen diese Tätigkeit: Die privaten Institutionen erstellen die Lehrinhalte (unter Berücksichtigung der Zusammenarbeit mit den Universitäten) und nehmen die Kommunikation derselben durch technische Medien im Verbund (in zweckrationaler Verbindung) vor:

Die private Institution G arbeitet eng mit der Universität X, das private Institut H mit der Universität Y zusammen. Alle Institutionen des Systems stehen auf der Basis integrativer Organisationsstrukturen mehr oder weniger eng verkettet in Beziehung. In der Systeminstitution laufen die jeweiligen Aufgaben (Teilaufgaben), die koordiniert werden sollen, zusammen. Es finden dort gemeinsame Untersuchungen (Ansatz zur Curriculum und interdisziplinären Forschung), Beratungen, wissenschaftliche Diskussionen etc. statt.

Wir halten zusammenfassend fest:

(1) Die Wissensvermittlung und Anleitung zum wissenschaftlichen Arbeiten erfolgen durch technische Medien, die von privaten Institutionen des Systems überregional (dezentral) eingesetzt werden.

(2) Die Universitäten unterhalten zum Zwecke der dezentralen Seminarveranstaltungen Außenabteilungen in den jeweiligen Großstädten, die von Tutoren und privaten Repetitoren anhand exakter Seminarunterlagen abgehalten werden können:

In Städten, in denen die Universitäten keine Außenabteilungen unterhalten, organisieren private Institutionen diese.

Das System der Außenabteilungen setzt sich somit aus den Außenabteilungen der Universitäten und privaten Institutionen zusammen.

Die arbeitsteilige Substitution des Studien- und Forschungsbetriebes kann wie folgt vorgenommen werden:

Die Universität X kann in den mit der Universität Y gemeinsam organisierten Außenabteilungen die betriebswirtschaftlichen, die Universität Y die volkswirtschaftlichen und finanzwissenschaftlichen Seminare übernehmen.

Durch Substitution entsprechend der festzulegenden Periodizität kann der Umkehrschluß dergestalt eintreten, daß die Universität X volkswirtschaftliche und finanzwissenschaftliche, die Universität Y betriebswirtschaftliche Seminare veranstaltet.

Anhand exakter Seminarunterlagen können die dezentralen Seminare (auch teilweise) von Tutoren und privaten Repetitoren abgehalten werden.

Veranstaltet die Universität X in der 1. Periode betriebswirtschaftliche, in der 2. Periode volkswirtschaftliche und finanzwissenschaftliche bzw. die Universität Y in der 1. Periode volkswirtschaftliche und finanzwissenschaftliche, in der 2. Periode betriebswirtschaftliche Seminare, so kann der Forschungsbetrieb wie folgt intensiviert werden:

Die Universität X intensiviert in der 1. Periode die volkswirtschaftliche und finanzwissenschaftliche, in der 2. Periode die betriebswirtschaftliche bzw. die Universität Y in der 1. Periode die betriebswirtschaftliche, in der 2. Periode die volkswirtschaftliche und finanzwissenschaftliche Forschung.

Bei dieser Konstellation sei noch einmal darauf hingewiesen, daß die Wissensvermittlung und Anleitung zum wissenschaftlichen Arbeiten mittels technischer Medien von seiten der privaten Institutionen betrieben werden.

Der Entlastungstrend der Universitäten zugunsten der Forschung - wobei die personalen Strukturen ebenfalls zu berücksichtigen sind - stellt sich zusammenfassend wie folgt dar:

(1) Die Wissensvermittlung und Anleitung zum wissenschaftlichen Arbeiten erfolgen mittels technischer Medien, die von privaten Institutionen des Systems überregional (dezentral) eingesetzt werden. Die Erstellung der Studienbriefe und der Programme für die AV-Kassetten wird in Zusammenarbeit mit den Universitäten von den privaten Institutionen in eigener Regie vorgenommen. Die Universitäten werden dadurch in der Wissensvermittlung entlastet.

(2) Eine weitere Entlastung der Universität kann durch den oben genannten arbeitsteilig-substitutionalen Seminarbetrieb der jeweiligen Universitäten erreicht werden. Dieser wird aber nur zu einem Teil von den Universitäten durchgeführt, da auch private Institutionen einen dezentralen Seminarbetrieb in denjenigen Städten organisieren, in denen universitäre Einrichtungen nicht vorhanden sind.

(3) Die von den Universitäten dezentral durchgeführten Seminare können aufgrund exakter Seminarunterlagen und der Vorbereitung der Studierenden auf diese mithilfe technischer Medien von Tutoren und privaten Repetitoren abgehalten werden, wodurch eine weitere Entlastung der Universität zugunsten der Forschung eintreten könnte.

Durch die Einschreibung des Studierenden an einer der Institutionen des Systems wird auf öffentlich-rechtlicher Basis ein vertragliches Verhältnis zwischen dem System "Studienbetrieb im Medienverbund" und dem Studierenden ausgedrückt.

Erfolgt z.B. die Einschreibung zum Studium an einer privaten Institution des Systems, so gilt sie nicht diesem Institut, sondern dem System gegenüber abgegeben. Eine privat-rechtliche Vertragsgestaltung mit der privaten Institution entsteht durch diese Einschreibung nicht, da diese Institution nur ein (stellvertretend) ausführendes Organ des Systems in dieser Hinsicht ist. Die an den jeweiligen Institutionen des Systems - diese Institutionen sind Universitäten und private Institutionen - getätigten Einschreibungen sind Immatrikulationen an der Systeminstitution.

Große und kleine Matrikel: Die Einschreibungen werden bezüglich der großen und kleinen Matrikel unterschieden:

Der Studierende mit großer Matrikel erfüllt die Bedingungen für die Immatrikulation (z.B. besitzt er die allgemeine oder fachgebundene Hochschulreife). Der Studierende mit kleiner Matrikel erfüllt diese Bedingungen (noch) nicht. Bei der kleinen Matrikel sind zwei Kategorien von Studierenden zu unterscheiden:

(1) Studierende, welche die Hochschulreife nicht besitzen und diese im System - entsprechend zu absolvierender Studieneinheiten mit den Abschlüssen - während des Studiums nachholen wollen: Durch den Abschluß von bestimmten Pflicht-Studieneinheiten kann die fachgebundene (wirtschaftswissenschaftliche) Hochschulreife erworben werden, ohne wertvolle Zeit für diesen Erwerb im Studium einbüßen zu müssen. Der Befähigungsnachweis ermöglicht sodann die Umwandlung der kleinen in die große Matrikel, die zur Meldung zum Diplomexamen erforderlich ist.

(2) Studierende, die Praktiker aus der Berufspraxis sind und ein Diplom der Wirtschaftswissenschaft nicht erwerben wollen. Sie beabsichtigen einzelne Fachgebiete des wirtschaftswissenschaftlichen Studiums kennenzulernen. Diese Studierenden nehmen nicht in der systematischen Folge des vorgeschriebenen Verlaufs der zu absolvierenden Studieneinheiten am Studium teil. Sie können aber im Wege des Erwerbs von Zeugnissen der Pflicht-Studieneinheiten die große Matrikel und damit die fachgebundene (wirtschaftswissenschaftliche Hochschulreife) erhalten.

Die Umwandlung der kleinen in die große Matrikel durch den Nachweis von Zeugnissen absolvierter Pflicht-Studieneinheiten macht folgenden Vorteil sichtbar: einmal erwirbt der Studierende bei Abschluß einer jeden Studieneinheit das entsprechende Zeugnis, das ihm bei vorzeitiger Aufgabe des Studiums eine Grundlage für den beruflichen Existenzaufbau gibt, zum anderen kann er die fachgebundene (wirtschaftswissenschaftliche) Hochschulreife (gleichzeitig) nachweisen, wenn er die dafür erforderlichen Abschlüsse der Pflicht-Studieneinheiten vorweist und zu einem späteren Termin noch einmal mit dem Studium (in systematischer Form) beginnen. Es sei darauf hingewiesen, daß der das (systematisch durchführende) Studium (vorzeitig) aufgebende Studierende trotzdem im System weiter arbeiten kann, um zu einem späteren Zeitpunkt die erforderlichen Zeugnisse der Studieneinheiten zu erwerben.

Durch Informationsschriften und auch durch das Fernsehen können die Bedingungen des Studiums im System eingehend und frühzeitig erfahren werden. Der Studierende erhält somit eine Transparenz seines Studienweges.

III. Systeminstitution

Die Systeminstitution ist ein koordinierendes, von den Mitgliedinstitutionen abhängiges (unselbständiges) Zentralinstitut auf überregionaler Ebene zur Durchführung von externen (Teil-) Aufgaben und stellt in dieser Eigenschaft eine Koordinierungs-, Aufsichts- und Kontrollbehörde sowie eine Datenbank dar.

Diese Institution ist deshalb unselbständig zu nennen, weil sie von den Mitgliedinstitutionen extern geplant und durch Delegation beschickt wird. Sie untersteht aber einer einheitlichen Leitung.

Mit Bezug auf die horizontale und vertikale Kooperation der Institutionen des Systems kann die Systeminstitution für ein System der horizontalen, nur aus Universitäten bzw. für ein System der vertikalen, aus Universitäten, Fernsehanstalten und privaten Institutionen bestehenden Kooperation organisiert werden.

Im ersten Fall (horizontale Kooperation) wird die Systeminstitution von den Universitäten, im zweiten Fall (vertikale Kooperation) von Universitäten, Fernsehanstalten und privaten Institutionen extern geplant.

Einige wichtige Aufgaben der Systeminstitution sollen genannt werden:

(1) Die Systeminstitution als Koordinierungs-, Aufsichts- und Kontrollorgan: die im System "Studienbetrieb im Medienverbund" zu erfüllenden Aufgaben werden durch diese Institution, die ein Insystem des Umsystems "Studienbetrieb im Medienverbund" ist, koordiniert.

Mit Bezug auf die Einbeziehung von privaten Institutionen in den Studienbetrieb auf Medienverbundebene und die damit verbundene Kapazitätserweiterung kann die Teilaufgabenerfüllung dieser Institutionen für das System einer einheitlichen Kontrolle und Koordienierung unterworfen werden. Auf dieser Grundlage ist es somit möglich, die effizient arbeitenden privaten Institutionen in den Studienbetrieb im Medienverbund einzugliedern und damit die für den Studienprozeß verfügbaren Ressourcen optimal zu nutzen.

(2) Die Systeminstitution als koordinierendes Forschungsinstitut: von der Systeminstitution kann die für die Planung der Gestaltung des Systems "Studienbetrieb im Medienverbund" zu koordinierende Untersuchung ausgehen. Die interdisziplinäre Forschung (Interdisziplinforschung) im Rahmen der Systemforschung kann von den dem System angehörenden Institutionen in Gemeinschaftsarbeit entwickelt werden. Die interdisziplinäre Forschung liefert das Instrumentarium für die praktische Systemgestaltung.

Zum anderen kann eine (wirtschaftswissenschaftliche) Fach-Curriculumforschung intensiv betrieben werden.

Durch die Koordinierung der Forschungsaufgaben mit Bezug auf die praktische Systemgestaltung des Studienbetriebes im Medienverbund werden die Untersuchungen der einzelnen Institutionen und Gruppen transparent, Zielkonflikte eher erkannt und ausgeschlossen. Damit im Zusammenhang steht auch die finanzwirtschaftliche Planung der Forschung und des (gestalteten) Systems "Studienbetrieb im Medienverbund".

(3) Die Systeminstitution als Datenbank: sämtliche, das System betreffenden Daten werden in der Systeminstitution registriert.

Die an den jeweiligen Institutionen (Universitäten, privaten Institutionen) des Systems erfolgten Einschreibungen zum Studium werden von der Systeminstitution festgehalten, d.h. gelten als Einschreibungen an der Systeminstitution.

Für das Informationssystem "Bibliothekswesen" kann die Systeminstitution ebenfalls als Datenbank gelten. Es können ein Zentralkatalog und ein Abrufzentrum geschaffen werden. Ein Ausgleich von Bücherbeständen etc. kann auf diesem Weg optimal erreicht werden.

IV. Vorteile des Systems „Studienbetrieb im Medienverbund" gegenüber dem gegenwärtigen Hochschulsystem

Die organisatorische Gestaltung des Systems "Studienbetrieb im Medienverbund" zeigt eine Umstrukturierung der bisherigen Organisationsstrukturen im Hochschulsystem auf.

Das angesprochene System verfolgt die Aspekte der Rationalisierung, durch Einbeziehung von Studieneinheiten in das Studiensystem eine Konzentrierung des Studiums sowie durch die Berücksichtigung der Bildungstechnologie einerseits und privater Institutionen andererseits eine optimale Ausnutzung der verfügbaren Ressourcen für den Studienbetrieb.

Das zu gestaltende System geht von der Komplementarität der Lehrenden und Lernenden im Studienbetrieb aus, der zum Ziel die Erstellung eines effizienten Bildungsproduktes mit Bezug auf eine flexible Berufsfähigkeit hat.

Ein weiteres Anliegen besteht in der Vornahme einer breit gestreuten Bildungsinvestition, welche die spezielle Erwachsenenbildung und die Begabtenförderung berücksichtigt, womit gleichzeitig auch die Pr axisorientierung zu nennen ist.

Im folgenden sollen einige Vorteile des Systems "Studienbetrieb im Medienverbund" genannt werden:

(1) Aufhebung der Zulassungsbeschränkung an den Hochschulen: Die dezentralisierten Studienprozesse der Universitäten auf Medienverbundebene und die Einbeziehung privater Institutionen in den Studienbetrieb ermöglichen eine Freisetzung räumlicher Kapazitäten. Diese freigesetzten Kapazitäten können den naturwissenschaftlichen Disziplinen zur Verfügung gestellt werden, die an konkreten Studienplätzen (Laborplätzen) gebunden sind.

(2) Beseitigung des sozialen numerus clausus hinsichtlich der Wohnraumbeschaffung an den Universitätsplätzen: Dieser numerus clausus kann teilweise durch das System "Studienbetrieb im Medienverbund" behoben werden, da ein großer Teil der Studierenden anhand exakter Unterlagen zu Hause oder am Wohnort in Gemeinschaft mit Kommilitonen arbeiten kann. Dezentral organisierte Seminare in den jeweiligen Großstädten sorgen dafür, daß lange Anfahrtswege zu diesen Direktveranstaltungen vermieden werden.

(3) Das System gewährleistet ein intensives Studium: Exaktes Studienmaterial kann zu Hause in Ruhe erarbeitet werden. Zur Vorbereitung auf das Diplomexamen kann es als Repetitorium dienen. Die dezentralen Seminare der Universitäten und privaten Institutionen werden in kleinen Gruppen durchgeführt und bewirken eine Aktivität des Studierenden bei der wissenschaftlichen Arbeit.

(4) Der Studienstoff kann mit Literaturbegleitmaterial konzentriert angeboten werden: Ein umfangreiches und kompliziertes Studium - wie dasjenige der Wirtschaftswissenschaft - kann in einer kürzeren Zeit als dies gegenwärtig möglich ist, durchlaufen werden.

(5) Die Konzentrierung des Studienstoffes und die Rationalisierung des Studiums durch technische Medien ermöglichen neben theoretischen auch anwendungsbezogene (praxeologische, operationale) Lehrinhalte im Studienbetrieb anzubieten. Neben dem wirtschaftswissenschaftlichen Studium werden im Studienbetrieb auch Tendenzen der Praxisorientierung berücksichtigt.

(6) Die abgeschlossenen Studieneinheiten geben dem Studierenden bei vorzeitigem Abbruch des Studiums eine Grundlage für die Berufspraxis: Der Studierende geht nicht mit leeren Händen in die Berufspraxis, sondern kann das Zeugnis der jeweiligen abgeschlossenen Studieneinheiten vorweisen.

(7) Die Forschung kann intensiviert werden: Durch einen substitutional-arbeitsteiligen Lehrbetrieb im System kann die Forschung intensiviert werden.
Zum anderen kann durch die Gründung einer Systeminstitution als Koordinierungs-, Aufsichts- und Kontrollorgan die interdisziplinäre und Fach-Curriculumforschung bezüglich der Systemgestaltung des Studienbetriebes im Medienverbund bzw. der lehrinhaltlichen Planung entwickelt werden.

(8) Das System bietet Praktikern und in der Wirtschaftspraxis tätigen Akademikern die Möglichkeit der Weiterbildung in bestimmten Fachbereichen des wirtschaftswissenschaftlichen Studiums. Der Akademiker kann sein Wissen dem gegenwärtigen Stand der Wissenschaft anpassen und ein Promotionsstudium in konzentrierter Form durchführen.

(9) Der ausländische Studierende, der Schwierigkeiten mit der deutschen Sprache im Studium hat, kann übersetzte Texte (zumindest in Englisch und Französisch) erhalten, wodurch das Studium für ihn erleichtert und rationaler gestaltet werden kann.

(10) Jeder am wirtschaftswissenschaftlichen Studium Interessierte (Abiturient, Studierende anderer Disziplinen, Berufstätige, Akademiker etc.) kann sich frühzeitig vor der Einschreibung zum Studium eingehend über die Bedingungen und den Ablauf des Studiums informieren. Dadurch erhält der Studierende eine Transparenz seines Studienweges.

(11) Das System bezieht das Bibliothekswesen als Informationssystem ein: Auf Medienverbundebene entstehen im Bibliothekswesen die Organisationsformen der zentralen und dezentralen Mediotheken.
Durch ein solches Informationssystem wird ein ständiger Informationsfluß zwischen den Institutionen möglich.

Veröffentlichungen von Horst Nießen zum Komplex "Studium/Studienbetrieb im Medienverbund"

"Universitäten und Fernstudium" (Uni-Report, Köln, Oktober 1970)

"Künftig Direkt- und Fernstudienuniversität kombiniert?" (General-Anzeiger, Wuppertal, 6. Januar 1971)

"Bildungswesen für Europa planen - wichtig für Wuppertaler Universität" (General-Anzeiger, Wuppertal, 11. Februar 1971)

"Studium im Medienverbund in Studieneinheiten und als Point of Credit System im Medienverbund" (I. Teil) (in: unireport, Bonn, März 1971)

"Organisationsmodell eines Studiums im Medienverbund" ("Der graduierte Betriebswirt", Nr. 2, Jahrgang 1971, Wiesbaden)

"Studium im Medienverbund in Studieneinheiten und als Point of Credit System im Medienverbund" (II. Teil) (in: unireport, Bonn, Mai 1971)

"Fernstudium, Fernstudium im Medienverbund, Studium im Medienverbund" - Begriffsdefinitionen (Wirtschaftslexikon, 8. Auflage, Wiesbaden)

"Studium im Medienverbund - Organisationsmodell einer kombinierten Direkt-/Fernstudienuniversität" (III. Teil) (in: das deutsche bildungsmagazin, Bonn, September 1971)

"Studium im Medienverbund: Die Mediothek - neue Möglichkeiten der Bibliothek durch das Studium im Medienverbund" (I. Teil) (in: das deutsche bildungsmagazin, Bonn, Dezember 1971)

"Studium im Medienverbund: Die Mediothek - neue Möglichkeiten der Bibliothek durch das Studium im Medienverbund" (II. Teil) (in: das deutsche bildungsmagazin, Bonn Januar 1972)

"Die Stadt- und Universitätsbibliothek müssen bald ein einheitliches System sein" (General-Anzeiger, Wuppertal, 2. Februar 1972)

"Studium im Medienverbund: Die Mediothek - neue Möglichkeiten der Bibliothek durch das Studium im Medienverbund" (III. Teil) (in: das deutsche bildungsmagazin, Bonn, Februar 1972)

"Das Stichwort: Studium/Fernstudium im Medienverbund"
(bpva-nachrichtendienst, bildungspolitische kurzinformationen Nr. 5/73, Bonn)

"Hochschulreform durch Medienverbund" (I. Teil)
(in: das deutsche bildungsmagazin, Bonn, Mai 1973)

"Hochschulreform durch Medienverbund" (II. Teil)
(in: das deutsche bildungsmagazin, Bonn, Juni 1973)

Horst Busch:

"System 'Studienbetrieb im Medienverbund' als Instrumentarium gegen den Numerus Clausus"
(in: das deutsche bildungsmagazin, Bonn, Dezember 1972)

"System 'Studienbetrieb im Medienverbund' - ein Konzept für eine zukunftsorientierte Hochschulreform" (I. Teil)
(in: das deutsche bildungsmagazin, Bonn, Juni 1973)

"System 'Studienbetrieb im Medienverbund' - ein Konzept für eine zukunftsorientierte Hochschulreform" (II. Teil)
(in: das deutsche bildungsmagazin, Bonn, Juli 1973)

www.ingramcontent.com/pod-product-compliance
Ingram Content Group UK Ltd.
Pitfield, Milton Keynes, MK11 3LW, UK
UKHW021815190726
13853UKWH00003B/1011

* 9 7 8 3 4 0 9 8 0 0 0 1 3 *